全国农民教育培训规划教材

棉花高产优质栽培 实用技术

——以新疆为例

多力坤·沙比尔　主编

中国农业出版社
北 京

图书在版编目（CIP）数据

棉花高产优质栽培实用技术：以新疆为例 / 多力坤·沙比尔主编 . —北京：中国农业出版社，2022.9
全国农民教育培训规划教材
ISBN 978 - 7 - 109 - 30126 - 9

Ⅰ.①棉… Ⅱ.①多… Ⅲ.①棉花－高产栽培－栽培技术－技术培训－教材 Ⅳ.①S562

中国版本图书馆 CIP 数据核字（2022）第 183301 号

中国农业出版社出版
地址：北京市朝阳区麦子店街 18 号楼
邮编：100125
责任编辑：高宝祯
版式设计：杜 然 责任校对：吴丽婷
印刷：北京中兴印刷有限公司
版次：2022 年 9 月第 1 版
印次：2022 年 9 月北京第 1 次印刷
发行：新华书店北京发行所
开本：720mm×960mm 1/16
印张：5.75
字数：79 千字
定价：22.00 元

编写人员名单

主　编　多力坤·沙比尔

副主编　汤秋香　吐尔逊江·买买提

参　编　李　杰　占东霞　赵　强　陈柏青

前　言

　　我国是世界棉花及纺织服装生产贸易的第一大国，棉花产业事关国民经济大局。新疆棉花在我国棉花产业中有着举足轻重的地位。依赖得天独厚的自然资源，新疆棉区已发展成为我国最大的棉花生产基地，棉花播种面积、总产量和单产均位居全国第一。

　　本书较为系统地介绍了棉花高产优质栽培实用技术，包括棉花生物学特性、棉花栽培与管理、棉花病虫害防治、棉花机械采收配套技术等。书中的主要技术要点与技术策略来自编者多年的研究成果及实践经验，同时参考了近期出版的相关书籍与研究资料。因此，本书对棉花生产者具有很好的指导作用。

　　由于编者水平有限，加之时间仓促，书中难免有错误和不足之处，敬请谅解。

编　者

2021 年 12 月

目 录

第三章

棉花病虫害防治 ⋯⋯⋯⋯⋯⋯⋯⋯⋯⋯⋯⋯⋯⋯ 31

第四章

棉花机械采收配套技术 ⋯⋯⋯⋯⋯⋯⋯⋯⋯⋯⋯ 43

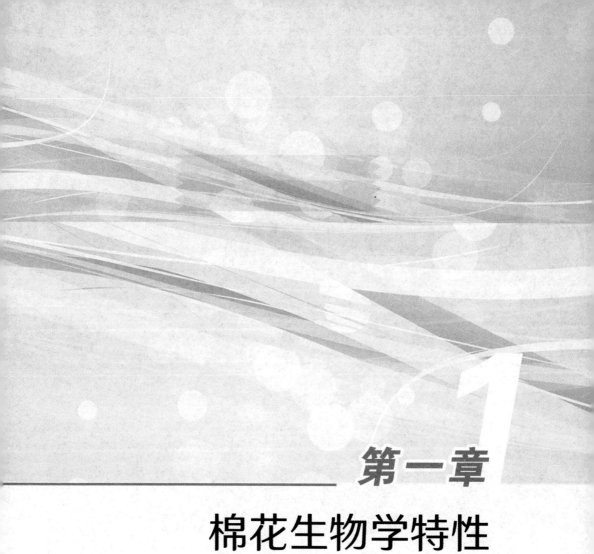

第一章

棉花生物学特性

一、主要器官

棉花一般为根深、茎直、叶茂、分枝多、开花期长、能无限生长的大棵作物。新疆棉花则以株矮、分枝少、果节少为特点。

1. 种子 成熟棉种的种皮为黑褐色（图1-1），种仁饱满，发芽势、发芽率、出苗率高。成熟度较差的棉种，种仁半饱满，种皮透性高，易受病菌侵染而造成烂籽。未成熟的棉种，种皮为红褐色、白色，种仁空瘪，发芽率低，不能作为商品种子。

图1-1　棉花种子

2. 根 根是棉花的主要吸收器官，具有固定、吸收、合成营养等功能。苗期为根系发展期，花铃期为根系吸收高峰期，铃期至吐絮期为根系衰退期。新疆滴灌棉田根系区域上移，纵向主要分布在地下10～40厘米的耕作层，横向可扩展30～60厘米。

3. 茎、枝 茎、枝是棉株地上部的躯干，是植株体内水分和养分运输的通道，同时茎、枝将根、叶、蕾、铃联结成一个有机整体，对植株的地上部起到支撑作用。

4. 叶 棉叶是棉株最主要的光合器官，其光合面积约占全株总面积的78%，全株90%以上的光合产物来自棉叶。同时叶片还有蒸腾作用、储藏作用和吸收作用等三大功能。

5. 蕾、花　蕾、花是棉花的生殖器官，是由花原基分化发育而成的。当花芽分化发育到一定水平，苞叶基部约有 3 毫米宽时，达到现蕾标准。蕾是花的雏形，随着蕾的长大，花器各部分渐次发育成熟，即行开花（图 1-2）。此时棉花便由蕾期进入花期。

6. 铃　棉铃俗称棉桃，是由受精后的子房发育而成的，在植物学上属于蒴果。棉铃通常根据铃尖、铃肩及铃基部的形状分为圆球形、卵圆形和椭圆形等，大小因品种和栽培条件而异（图 1-3）。棉铃的形成和发育是铃壳（原来的子房壁）、种子及棉纤维的生长发育成熟过程，一般把开花后 8～10 天，直径小于 2 厘米的棉铃称为幼铃，幼铃脱落率高；直径大于 2 厘米的棉铃为成铃，脱落率低。棉铃发育大体可划分为体积增大、棉铃充实及脱水成熟三个阶段，需 50～70 天。

图 1-2　棉花的花

图 1-3　棉花的铃

二、生长发育条件

棉花具有喜光温、耐盐碱、耐旱、耐瘠薄、无限生长等特性。

1. 温度条件 棉花是喜温作物。棉花生长发育需要一定的积温条件。棉花种子从萌发到第一个棉铃吐絮需要≥10℃积温 3 200～3 500℃，≥15℃积温稳定在 2 700℃以上。对于热量条件欠佳的次宜棉区，要选用早熟品种和采取促早熟栽培措施。

2. 光照条件 棉花是喜光作物（图1-4）。在强光下，小麦、马铃薯、甜菜等作物不能进行光合作用时，棉花仍能正常进行光合作用。反之，当光强不足时，棉花不能进行光合作用。新疆棉花种植密度高，棉花生长中后期，棉叶层层交替，相互遮阳，常造成棉田中下部光强不足，脱铃、烂铃现象严重。应选用株型较紧凑、塔形或筒形、叶片较小、植株清秀的品种，合理调控棉花高度、宽度，推迟封行期，以保证棉花发育所需的光照条件。

喜温、喜光才是我的特点。

图1-4 棉花对温、光的要求

3. 水分条件 棉花是耐旱，但怕涝的作物（图1-5）。棉花生长发育期间，棉田土壤含水量宜保持在田间持水量的 60% 左右，棉花一生需水 200～300 米³/亩 * 。棉花播种至出苗阶段，土壤含水量占田间持水量的 60%～70% 为宜。棉花苗期，土壤含水量占田间持水量的 55%～65% 为宜。棉花现蕾后需水量倍增，土壤含水量占田间持水量的 60%～70% 为宜。棉花花铃期需水量达高峰，此阶段需水量占总需水量的一半以上，土壤含水量占田间持水量的 70%～80% 为宜。棉花生长后期，棉株需水量骤降，土壤含水量占田间持水量的 55%～60% 为宜。

4. 需肥条件 棉花不同生长发育时期，需肥量不同（图1-6）。一般苗期需肥量少，占总需肥量的 10%～15%。蕾期需肥量倍增，占总需肥量的

---

* 亩为非法定计量单位，1 亩≈667 米² 。——编者注

图 1-5　棉花对水分的要求

20％～30％。花铃期需肥达到最高峰，花铃期对氮、磷、钾养分的吸收占总需肥量的 60％以上。棉花生长后期，需肥量占总需肥量的 10％。

图 1-6　棉花对肥料的要求

　　5. 土壤条件　棉花适宜在壤土上种植。要求土层深厚，质地疏松，土地平整，坡度小于 0.3％，排水良好，地块非常年连作。盐碱少，总盐量小于

0.3%，土壤 pH 6.5～8.5，以中性和微碱性为宜。

6. 无霜期要求　新疆棉花生长季节短，为保障棉花正常成熟，棉区无霜期应大于 180 天，最低不能低于 160 天。

7. 苗期环境条件　有利的环境条件：气温稳定上升，温度 18～25℃，天气晴朗、降雨少、土壤疏松透气。不利的环境条件：低温、冷害、倒春寒、大风、降雨、土壤过湿、土壤板结、土壤盐碱重。

8. 蕾期环境条件　有利的环境条件：气温 20～25℃，多晴好天气和充足的光照，土壤疏松透气、养分足，土壤含水量为田间持水量的 70%～80%。不利的环境条件：低温连阴雨天气，大风、冰雹、土壤含水量低于田间持水量的 60%，土壤板结、不透气、肥水条件差，土壤含水量达到田间持水量 85% 以上。

9. 花铃期环境条件　有利的环境条件：天气晴朗，光照充足，较高的温度，适宜的土壤湿度，土壤含水量为田间持水量的 80%，田间通风透光。不利的环境条件：干旱、灌溉量不足，地下 0～50 厘米的土壤含水量小于田间持水量的 65%；连续阴雨天气，寡照；棉田郁闭，通风透光不良；冰雹或棉田积水，棉花黄萎病、棉铃虫、蚜虫、叶螨发生重。

10. 吐絮收花期环境条件　有利的环境条件：气温 20℃ 以上，晴朗微风天气、较低的大气和棉田湿度。不利的环境条件：连阴雨、寡照、温度低、初霜早。

第二章

棉花栽培与管理

一、主要栽培模式及制度

1. 主要栽培模式　新疆棉花采用"矮密早膜"的栽培原则，主要包括4个方面：矮化栽培，棉花株高控制在60～80厘米；高密度栽培，亩株数1.2万～2.0万株；早熟栽培，生育期控制在120～145天，伏前桃、伏桃、秋桃比例控制在2∶7∶1，棉花合理生育进程为4月苗、5月蕾、6月花，8—9月絮；地膜栽培，采用宽膜（1.4米、1.8米）和超宽膜（2.05米、2.30米）栽培，一膜4、6、8行的株行配置。主要模式种类：

（1）一膜四行模式（图2-1）。140～145厘米幅宽地膜，膜上行距30厘米＋45厘米＋30厘米，交接行距55～60厘米，株距8～10厘米，理论密度1.6万～1.8万株/亩。

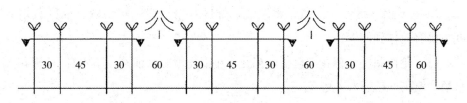

图2-1　一膜四行模式

（2）一膜六行模式（图2-2）。180厘米幅宽地膜，膜上行距20厘米＋45厘米＋20厘米＋45厘米＋20厘米，交接行距55～60厘米，株距12.5厘米，理论密度1.7万～1.8万株/亩。

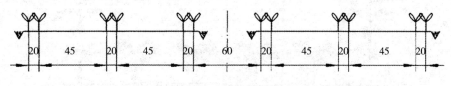

图2-2　一膜六行模式

（3）机采棉模式（带状模式）。180厘米膜宽，一膜六行配置，膜上行距10厘米＋66厘米＋10厘米＋66厘米＋10厘米，交接行距60厘米，株距9.8

厘米，每亩理论株数约1.8万株（图2-3）。

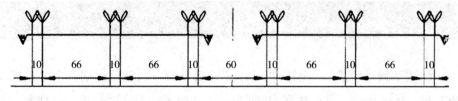

图2-3 机采棉模式

（4）一膜八行模式（图2-4）。膜上行距10厘米＋55厘米＋10厘米＋55厘米＋10厘米＋55厘米＋10厘米，交接行距60厘米，株距10厘米，每亩理论株数约2万株。

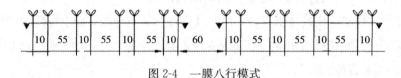

图2-4 一膜八行模式

2. 主要栽培制度 新疆无霜期短，棉区栽培一般一年一熟。棉区栽培制度主要有轮作和间套作。

（1）轮作制度。棉花＋苜蓿，棉花＋小麦＋绿肥（油葵、草木樨），棉花＋水稻，棉花＋春玉米＋冬麦。

（2）间套作制度。棉与瓜、棉与蒜套作；果棉间作（图2-5），棉枣间作，棉花与茴香间作（图2-6）。

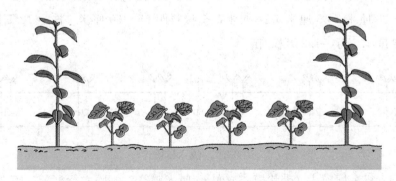

图2-5 果棉间作

图 2-6　棉花与茴香间作

二、播前准备及播种

（一）播前准备

1. 品种选用

（1）基本原则。应选择国家审定的品种，适合当地生态条件的品种，种子质量达到国家质量要求的品种。先试种再推广，不要盲目跟风。

（2）基本要求。"早"字当头，突出抗性，高产稳产，兼顾品质，适合机采（果枝始节高度≥18厘米、对脱叶剂敏感、吐絮集中、含絮力适中）。

（3）品种熟性。新疆北疆选用生育期 120 天左右的早熟品种，南疆选用生育期 130～135 天的中早熟棉花品种。

（4）品种产量性状。铃重 5.5～6.5 克，衣分 40%～43%，子指（百粒棉花种子的重量）10～12 克。

（5）品种抗病性。兼抗枯萎病、黄萎病的品种。

（6）品种的株型。株型较紧凑，筒形或塔形，叶片较小，植株清秀。

（7）种子质量。成熟饱满、破籽率小于 5%、含水量小于 12%、发芽势强、发芽率大于 85%、纯度大于 95%。

（8）拾花品质。吐絮畅、易采摘（图 2-7、图 2-8）。

2. 土壤准备　要求土壤达到墒、松、碎、齐、平、净，即墒度良好，上实下虚，土壤细碎，边角整齐，地面平整，无残茬、残膜（图 2-9）。

（1）秋耕。秋耕深度一般 20～30 厘米。以收获一块、耕一块为宜。

13

图 2-7 吐絮畅棉桃

图 2-8 吐絮畅棉田

图 2-9 达标土壤

（2）春耕。对未秋耕的棉田，春天及时春耕，深度以 20～30 厘米为宜，并做好耙地、切地、抹地、平地等。

（3）施基肥。亩施农家肥 2 000～3 000 千克、氮肥 15～30 千克、磷肥 25～30 千克、钾肥 3～5 千克。

（4）冬春灌。秋耕后，春耕前，亩灌溉 80～100 米^3。

（5）土壤除草剂处理。播前 2～3 天，可对土壤喷洒氟乐灵除草剂，亩用量 100～120 克，或播种前亩喷洒 150～200 克二甲戊灵，兑水 20～30 千克，边喷边抹，混土 6～8 厘米，防止日晒失效以及损伤棉苗。

3. **机械准备** 包括做好动力机械及翻、犁、耙、切、抹等整地机械的维修调试（图2-10）。

图2-10 整地机械

（二）播种

1. **播期确定** 当气温连续5天稳定回升到14℃以上，膜下5厘米地温稳定达到13℃，实时气象没有灾害性天气，终霜后即可播种。新疆南疆适播期4月5—15日，北疆4月15—25日，东疆4月1—10日。

2. **技术要求** 播种空穴率小于5‰；一般播种深度2~3厘米，沙性土壤3~4厘米；覆土厚度1~2厘米；地膜与地面紧贴，并用碎土将膜压实，防止大风揭膜（图2-11）。

图2-11 田间播种

3. 播后管理 包括耙地、中耕、除草、压土防风、放苗、查苗补种（图 2-12、图 2-13）。

图 2-12 中耕

图 2-13 查苗补种

三、田间管理

一般把棉田分为三类，即高产、中产和低产棉田。各类棉田由于基础不同，在管理上存在一定差异。高产棉田管理要求做到细化、标准化。中产棉田管理强调的是技术到位率和投入的保证，有针对性地进行调控。低产棉田管理主要以促为主，强调投入。

（一）苗期管理

出苗至现蕾的时期为苗期，一般 25～30 天。

1. 管理重心　壮苗，壮根，打好丰产基础，防止旺苗和弱苗。

2. 管理目标　苗全，苗匀，苗壮，稳健生长，壮苗早发。

3. 苗期长势长相　株矮、稳健、敦实、株宽大于株高，现蕾时株高 13～18 厘米、高宽比 1∶1，叶色油绿。子叶至 1 叶期（图 2-14）：子叶节高 4～5 厘米、子叶肥厚、红茎比 0.6 左右。2 叶期（图 2-15）：苗高 1 厘米，真叶与子叶大体在一个平面上，叶面平展。4～5 叶期：株高 5 厘米，株宽大于株高。7～8 叶期：株高 13～18 厘米，株型上下窄，中间宽，开始现蕾。

图 2-14　棉苗子叶期

图 2-15　棉苗 2 叶期

4. 苗期病虫害防治　出苗前预防地老虎、烂根病。出苗后预防棉蓟马、棉盲蝽。

5. 定苗　出苗现行后定苗，也可一叶一心期或两叶一心期定苗（精量播种不需要定苗），对于有缺苗断垄的地方可采取留双苗或补苗，避免晚定苗而造成"苗荒苗"和"高脚苗"。

（二）蕾期管理

棉花蕾期是指棉花现蕾至开花的时期（图 2-16），是棉花生殖生长与营养生长并进时期，一般 30～35 天。

1. 蕾期管理重心　协调营养生长与生殖生长，搭好丰产架子，多现蕾。

2. 蕾期长势长相　盛蕾期株高 30 厘米左右（图 2-17），花时株高 40 厘米左右，茎秆粗壮，

图 2-16　棉花现蕾期

节间长度3～4厘米，6月下旬开花，叶色深绿，棉花大行不封行、小行有缝隙。

图2-17　棉花盛蕾期

3. 蕾期肥水管理　开花或盛蕾期灌第一水，水量不宜太大，沟灌棉田应控制在40～50米³/亩。亩追肥尿素8～10千克，磷酸氢二铵5～6千克，钾肥3～5千克。滴灌棉田滴灌量15～20米³/亩，亩施滴灌专用肥（或尿素）3～5千克、磷酸二氢钾0.5～1.0千克。对于低产棉田、长势慢而弱的棉田，可提早灌（滴）水，适当增施肥料量，以促进生长，搭好丰产架子。对于旺长棉田，可提早8～10天揭膜，在水肥前化控和推迟浇水，亩喷施缩节胺1.5～2.0克。

4. 蕾期病虫害防治　重点做好棉盲蝽和蚜虫的预防。

（三）花铃期管理

花铃期是指棉花边开花边成铃的时期（图2-18），花铃期一般40～50天。

1. 花铃期管理目标　促进早结铃，多结铃。主攻中下部内围铃，确保伏前

19

图 2-18　棉花花铃期

桃压底，伏桃满腰，秋桃盖顶。防旺长、防早衰、防晚熟、防脱落、防烂铃。

2. 花铃期长势长相　打顶后株高控制在 60～80 厘米，果枝数 9～11 台，大行似封非封、有缝隙，田间通风透光好，群体稳健，病虫害少。花位合理，6 月下旬开始开花，7 月中旬花位中上部，8 月初花上梢。

3. 花铃期肥水管理　重施花铃水和花铃肥。对于沟灌棉田，一般在第一水后的 15～20 天开始浇花铃水，花铃期灌水 2～3 次。每次灌水前亩追施尿素 10～15 千克，磷酸氢二铵 5～8 千克，钾肥 5 千克。灌水间隔 15 天左右，亩浇水量 80～100 米^3。对于滴灌棉田采取周期性滴灌，一般 5～7 天滴灌一次，亩滴水量 20～25 米^3。每次追施滴灌专用肥（或尿素）4～5 千克/亩，磷酸二氢钾 1～2 千克/亩。

4. 花铃期病虫害防治　重点做好棉铃虫、蚜虫、叶螨、铃病的防治。

5. 花铃期疯长棉田管理（图 2-19）　对疯长、旺长、贪青棉田应采取水控、化控和早打顶、打群尖等措施。适时推迟灌（滴）水，水量要小，沟灌棉田灌水量 50～60 米^3/亩，滴灌棉田滴水量 10～15 米^3/亩。打顶时打掉一心一叶或摘除最上部的节间。

图 2-19 花铃期疯长棉田

6. 花铃期早衰棉田管理（图 2-20）　　新疆棉花早衰现象严重，一般自 8 月中旬开始发生，到 9 月上旬已有比较明显的症状。早衰棉花主要表现为叶色由绿变黄，叶薄显黄，接着出现黄斑、红斑并失去光泽，最后变为褐色而干枯，到 9 月中旬叶片大量脱落，落叶后的茎秆由上至下逐渐干枯。对于早衰棉

图 2-20 花铃期早衰棉田

田应保证灌溉追肥，同时每亩叶面喷施 100～200 克尿素、磷酸二氢钾水溶液。轻打顶，打掉一心即可，做好病虫害防治。

7. 打顶 按照"枝到不等时，时到不等枝"原则，一般在株高 60～80 厘米、果枝台数 8～10 个时，集中在 7 月初至上中旬打顶。打顶时间不宜过早也不宜过晚，以摘除顶心或一叶一心为标准。

| 花铃期
生育特点 | 花铃期水
肥及中耕
管理 | 花铃期植
株调整及
化控 | 花铃期病
虫害防治 |

扫码看视频

（四）中后期管理

棉花中后期一般指棉花完全进入铃期和吐絮的时期，一般从 8 月上中旬开始至吐絮。

1. 中后期棉花管理目标 以增铃重、争坐盖顶桃、防早衰（图 2-21）、防贪青晚熟、防咬、防掉、防烂、防干，促进中上部棉铃发育，建立合理群体结构为目标。

2. 中后期长势长相 尽量推迟封行时间，大行保留缝隙，棉田通风透光好，8 月上旬保证每株有 4 个以上伏前桃和伏桃，倒三台果枝成铃 2～3 个，叶功能期长，棉田不早衰、不旺长。

3. 中后期肥水管理 中后期不是棉花对肥水要求最大的时期，但是必须保证基本的要求。适时停水，新疆南疆 8 月 25 日至 9 月 5 日停水，北疆一般 8 月 20—25 日停水。

4. 中后期病虫害防治 主要防治秋蚜、棉铃虫、铃病。

5. 中后期早衰棉田管理

（1）水调。补浇跑马水。

（2）叶面肥调控。用尿素或磷酸二氢钾水溶液等叶面肥喷施，可起到增铃重、提高衣分和品质的效果。

图 2-21　中后期早衰棉田

6. 中后期贪青晚熟棉田管理　对于新疆北疆 9 月初未吐絮、南疆 9 月中下旬未吐絮、棉花群体过大、田间郁蔽、出现二次生长、赘芽多、侧枝还在开花的棉田（图 2-22），人工整枝，去除侧枝、二次生长的枝叶赘芽，也可采取推株并拢等办法；使用乙烯利、脱落宝等催熟剂。

图 2-22　中后期贪青晚熟棉花

吐絮期生育特点

吐絮期田间管理

扫码看视频

(五)常见问题及应对策略

1. 棉花疯长　棉花疯长是指棉花营养生长与生殖生长失去平衡，棉株茎、枝、叶等营养器官出现过度生长，而蕾、花、铃明显减少的现象（图2-23）。

图 2-23　棉花疯长

（1）疯长表现及原因。棉株疯长表现为主茎顶芽生长加速，主茎节间伸长，株高增长加快。疯长常出现在现蕾前后至开花初期。疯长的原因主要是肥水、化学、机械物理调控失调所致。

（2）疯长的防控。依据不同时期棉花生长发育动态指标，合理施肥，墩苗，推迟第一水灌溉时间，系统化控，深中耕，早揭膜，重打顶，整枝等都是防止棉花疯长的"对症"技术。

2. 棉花缺水　棉花缺水后，顶芽的分化和生长速度减慢，新叶出生慢，节间紧密，植株矮小，主茎顶部绿色嫩头缩短并发硬，红茎上升。缺水棉株的果枝生长速度减慢，蕾铃脱落显著。叶片萎蔫下垂，明显增厚，呈暗绿色。发现缺水症状，应及时灌水。

3. 盐碱地植棉　盐碱地植棉以保全苗、促进早发、搭丰产架子、防止晚熟为中心（图 2-24）。技术措施：选用抗盐碱品种；轮作倒茬，种植绿肥，改良土壤盐碱；深翻土壤，灌水压盐洗盐，降低耕层土壤盐分；地膜覆盖抑盐；苗期中耕，防止土壤返盐；增施农家肥，促进淋盐，抑制返盐；补施磷肥，提高抗盐能力；沟播躲盐等。

图 2-24　盐碱地植棉

4. 旱地植棉　旱地植棉技术主要包括冬春季及时做好整地、蓄水、保墒工作，选用耐旱品种，抢墒播种，双膜覆盖，干播湿出滴灌，花期前搭好丰产架子，采取密植技术等。

四、灌溉

1. 灌溉原则及方法　灌溉应遵循量少、多次、保持土壤湿润的原则，苗期以蹲苗为主，一般不需要灌水。但对土壤墒情差、出苗困难、弱苗棉田，在苗期可视具体情况进行灌溉。第一水以少量为原则，随即紧跟第二水，每间隔

10～20 天灌溉一次。第一水过早、过多，易引起植株疯长，形成高大空。第一水过晚且水量不足，易造成蕾铃大量脱落。花铃水必须保障及时、充足灌溉，否则引起早衰、脱落、降低产量和品质。适时停水极为重要，停水过早，易引起早衰；停水过晚，易引起贪青晚熟、烂铃等。停水期一般在 8 月中下旬或 9 月初，非滴灌棉田，全生育期总灌水次数 3～5 次，灌水 200～300 米³/亩，总灌水量 480 米³ 左右。

储水灌溉：为保证出苗和苗期需水要求，冬季或者早春进行储水灌溉。灌水定额 80～100 米³/亩。

2. 膜下滴灌 滴灌技术是以滴灌设施为核心技术，配以合理滴灌量、滴灌次数、滴灌周期的技术体系。滴灌利用低压管道系统，使滴灌水缓慢、均匀、定量地浸润作物主要根系活动区，可起到节水增效作用（图 2-25）。

图 2-25　棉田滴灌

棉花膜下滴灌应浅灌勤浇，全生育期灌水 8～12 次。蕾期和花铃期灌水密集，这两个生育阶段每次灌水定额分别为 25～30 米³、30～35 米³，蕾期灌水周期为 8～10 天，花铃期灌水周期为 5～7 天（表 2-1）。

表 2-1　棉花膜下滴灌参考指标

生育阶段	苗期	蕾期	花铃期	吐絮期
灌水定额/米³	15～20	25～30	30～35	25～30
灌水周期/天	10～13	8～10	5～7	15～20

五、施肥

1. 棉花追肥

（1）叶面肥。叶面肥为辅助性肥料，主要作用：促使弱苗转化、防止早衰和蕾铃脱落。棉花追肥时，可叶面喷施1%尿素水溶液和0.3%磷酸二氢钾水溶液（图2-26）。

图2-26　喷施叶面肥

（2）有机肥。新疆土壤有机质含量低，为1.09%～1.11%，应注意增施有机肥，通过秸秆还田、种植绿肥等培肥地力。

2. 肥害管理　棉花发生肥害，常造成烧苗、死苗、蕾铃脱落、黄叶。补救措施：一是浇（滴）水稀释土壤中化肥浓度，二是喷施叶面肥恢复生长。

六、化控

（一）棉花生长调节剂的使用

棉花生长调节剂有抗逆、生根、抑制与促进生长、干燥脱叶等类别（图2-27）。

图 2-27　无人机喷施生长调节剂

1. 脱叶剂　在棉花 50％～70％开铃期施用效果好，用量为 80 克/亩，兑水 20 千克。

2. 赤霉素　在早春低温冷害棉田，常使用赤霉素促进棉苗生长。每亩将 10～20 毫克赤霉素先用少量酒精溶解，再稀释 2 000 倍液后喷施。

3. 萘乙酸　主要作用是防止棉花蕾铃脱落，也具有抗旱抗涝的功能。从盛花期开始，每亩用 10～20 毫克萘乙酸 4 万～8 万倍液喷洒。

4. 缩节胺　又叫甲哌啶，可抑制营养生长，促进生殖生长和根系生长。棉花生长发育全程一般化控 6～9 次。生长前期化控 2～3 次，缩节胺用量 0.3～1.0 克/亩。蕾期化控 2～3 次，缩节胺用量 1.0～1.5 克/亩。花铃期化控 2～3 次，缩节胺用量 2～4 克/亩。

5. 乙烯利　正确喷施乙烯利，不仅可使棉铃提前 7～10 天吐絮，促进增产，还有利于轮作倒茬。使用不当，反而会造成减产。乙烯利使用策略：针对贪青、晚熟、后发性强、80％以上的棉铃龄期在 40～45 天的棉田喷施；在晴朗无风，日最高气温 20℃以上，初霜期前 20 天喷施；每亩用量 100～120 毫升，加清水 50～60 千克稀释后，均匀喷洒有铃部位。

（二）棉花药害及预防

药害是指不合理地使用药剂后，造成棉花生长发育受损的现象。通常表现为棉花的叶和花蕾出现焦边、焦斑，有的棉叶全部枯焦脱落。

药剂不同，产生的药害症状不同。2,4-D 类药害，使棉叶变为鸡爪形；克百威药害，使蕾花容易脱落；百敌虫药害，使棉叶由边缘反卷，叶肉出现紫红色斑块等。

预防药害应对症下药、适时用药、准确用药、合理交替用药、均匀用药。

第三章

棉花病虫害防治

一、枯萎病

1. 发病时间　枯萎病在整个生育期均可发生。新疆一般在苗期至蕾期发病，轻者减产 5%～15%，重者减产 20% 以上。

2. 发病症状（图 3-1）　①黄色网纹型。叶肉保持绿色，叶脉变成黄色，整叶萎蔫或脱落。②黄化型。从叶片边缘发病，子叶和真叶的局部或整叶变黄，最后枯死或脱落。③紫红型。子叶或真叶呈现紫红色。④青枯型。棉株遭受病菌侵染后突然失水，青枯死亡。⑤皱缩型。叶片皱缩、增厚，节间缩短，植株矮化。

A

B

C

D

E

图 3-1　棉花枯萎病病状
A. 黄色网纹型　B. 黄化型　C. 紫红型　D. 青枯型　E. 皱缩型

棉花枯萎病病状

3. 防治方法　①选用抗病品种。②种子包衣。③加强现蕾开花后的水肥管理，提高抗病力。④轮作倒茬，减少病原。⑤发病初期，叶面喷施磷酸二氢钾，根部灌施棉枯净、DD 混剂等。

二、黄萎病

1. 发病时间　黄萎病在 5～6 片真叶时开始表现，现蕾开花后大量出现症状。连作棉田、地势低洼、排水不良的棉田发病重。

2. 发病症状　①黄色斑驳型。病叶边缘失水、萎蔫，叶肉褪绿，似花西瓜皮，枯焦脱落成光秆或枯死（图 3-2）。②落叶型。叶脉间或叶缘处突然褪绿萎蔫，叶片失水，一触即掉，蕾、花、铃大量脱落。③矮化型。叶片浓绿，叶肉肥厚，株型矮化。④急性萎蔫型。暴雨或大水漫灌后，棉株叶片突然萎蔫，全部脱落，棉株成光秆。⑤枯斑型。叶片局部枯斑或掌状枯斑，枯死后脱落。

棉花黄萎病病状

图 3-2　棉花黄萎病病状

3. 防治方法　①种植抗病品种。②轮作倒茬。提倡与水稻轮作。③加强肥水管理，提高棉花抗逆能力。④在蕾、铃期及时喷洒缩节胺等生长调节剂，对黄萎病的发生有减轻作用。

三、棉花苗期病害

苗期病害主要有立枯病、猝倒病、炭疽病等。

1. 立枯病　立枯病又称烂根病，新疆南北疆各棉区普遍发生，危害严重。主要症状：烂种、烂芽、烂根、死苗，子叶中部形成不规则的褐色斑点，以后病斑破裂穿孔（图 3-3）。持续低温多雨，种子成熟度差或破籽、秕籽率高，播种过早或过深，地下水位较高或土壤湿度过大，立枯病一般较重。发生不严重的棉苗，气温上升后可恢复生长。

2. 猝倒病　多在湿润条件下发病，主要危害幼苗。棉苗出土后，幼苗迅速萎蔫倒伏。与立枯病不同的是，猝倒病病株基部没有褐色凹陷病斑。

35

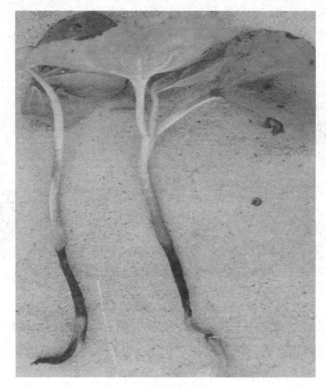

图 3-3　棉花立枯病病株

3. 炭疽病　炭疽病常造成棉苗生育延迟，其主要症状表现为烂籽、死苗。

4. 苗期病害防治　预防为主，采用农业与化学药剂相结合的综合防治措施。

（1）药剂拌种。有效的药剂有拌种灵、三氯二硝基苯、甲基硫菌灵、甲基立枯磷、苗病净 1 号等，用量为每千克棉种拌药 5 克。

（2）种子包衣（图 3-4）。

（3）苗期喷药。可用 50% 多菌灵可湿性粉剂、65% 代森锌可湿性粉剂 250～500 倍液，50% 克菌丹可湿性粉剂 200～500 倍液喷雾（图 3-5）。

（4）加强管理，早间苗，勤中耕。

棉苗立枯病
病状

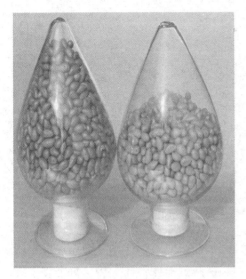

图 3-4　种子包衣　　　　　　　图 3-5　苗期喷药

四、棉叶螨

棉叶螨

棉叶螨为害状

1. 发生规律　首先在寄主上为害，棉苗出土后移至棉田。6 月中旬为棉叶螨为害高峰。9 月上旬晚发迟衰棉田棉叶螨也可为害。高温干旱、久晴无降雨，棉叶螨易大面积发生（图 3-6）。

2. 为害特点　在棉叶背面吸食汁液，使叶面出现黄斑等症状，形似火烧（图 3-7）。轻者棉苗停止生长，蕾铃脱落，后期早衰。重者叶片发红，干枯脱落，棉株变成光秆。

3. 防治方法　①清除杂草。早春季节，清除杂草以减少螨源。②点片防治。对叶片出现为害的棉株进行点片挑治，可选用 10% 的浏阳霉素、0.9% 的阿维菌素、73% 的炔螨特、5% 的噻螨酮，按 1∶2 000 兑水，定点定株喷雾防治。③生物防治。棉叶螨的天敌较

图 3-6　棉叶螨　　　　　　　　　　　　图 3-7　棉叶受害状

多，如瓢虫、捕食螨、小花蝽、蜘蛛等。有条件的地方，在棉叶螨点片发生期人工释放捕食螨，在中心株上挂 1 袋，中心株两侧棉株各挂 1 袋，每个袋中放置 2 000 头左右捕食螨。

五、棉铃虫

1. 发生规律　7 月棉铃虫第一代老龄幼虫和第二代幼虫同时为害，棉花受害较重，8 月中下旬第三代幼虫开始为害，此时主要为害棉花的花和青铃。

2. 为害特点　棉铃虫主要为害棉花的嫩蕾、嫩尖、心叶和幼铃。幼蕾受害，苞叶张开后脱落，棉铃受害后造成烂铃和僵瓣（图 3-8）。

图 3-8　棉铃虫（幼虫）为害状

棉铃虫为害状

3. 防治方法　①利用成虫的趋光性，在棉田安装频振式杀虫灯诱杀成虫。一般每 60 亩安装 1 盏杀虫灯，灯高出作物 50 厘米，诱杀时间为 5—9 月。②种植玉米诱集带，诱杀虫卵。在棉田四周种植早熟玉米，株距 20～25 厘米，在玉米大喇叭期每天日出前拍打心叶消灭成虫。6 月 30 日至 7 月 10 日，在棉铃虫产卵盛期，砍除玉米诱集带，消灭虫卵。③在秋季作物收获后封冻前，深翻灭茬，铲埂灭蛹，破坏蛹室，使部分蛹被晒死、冻死。④选用抗虫棉品种。⑤保护利用天敌赤眼蜂。⑥化学防治。选用 Bt 制剂（生物制剂）、1.8％阿维菌素乳油 4 000～5 000 倍液、40％辛硫磷 1 500 倍液等喷雾防治。

六、棉蚜

1. 发生规律　一般在 5 月上中旬棉蚜迁入棉田，6 月下旬或 7 月上旬棉蚜数量达到最高峰，以后随着气温升高、天敌增多棉蚜数量下降。干旱少雨、较高的温度有利于棉蚜发生。连续不断喷药，大量杀伤天敌，常造成蚜虫发生猖獗。

2. 为害特点　棉蚜在棉叶背面、嫩茎、幼蕾和苞叶上吸食汁液，造成棉叶卷缩（图 3-9）、畸形、叶面布满分泌物，影响光合作用，使棉株生长缓慢、蕾铃大量脱落。棉蚜排泄蜜露污染棉纤维，导致含糖量超标，影响棉花品质。

图 3-9　棉蚜为害状

3. 防治方法　充分利用和发挥自然天敌的控制作用，辅之以科学合理的化学农药，达到持续控制蚜害的目的。①保护利用天敌，充分发挥生物防治作用。②点片防治。对点片发生的棉株采取拔除和涂茎办法。用涂茎器（棍柄上捆绑棉球）蘸取 1∶5 的氧化乐果配比液，涂抹到棉株红绿相间部位的一侧，涂抹长度 1 厘米。

棉蚜为害状

认识棉蚜

棉蚜为害症状及
大发生的原因

七、棉蓟马

1. 发生规律 棉蓟马一般在棉花出苗后，陆续侵入棉田为害。

2. 为害特点 棉蓟马成虫和若虫躲在叶背面边缘取食，背面出现银白色的小斑点，生长点焦枯，造成多头棉、公棉花、破叶状、锈斑、缺苗、棉株生育期推迟等（图3-10）。

图3-10 棉蓟马为害状

棉蓟马为害状

3. 防治方法 在棉花出苗至3片真叶期，进行一次预防性防治，一般选用对天敌比较安全的农药。

八、棉盲蝽

1. 发生规律 地膜栽培的棉花，5月下旬—7月上旬为棉盲蝽为害盛期，海岛棉前期虫口比陆地棉多。雨水偏多，棉盲蝽为害重。棉盲蝽具有趋嫩、嗜蕾、怕光、善飞的习性。

2. 为害特点 棉盲蝽主要为害棉花嫩头、嫩叶及花蕾等部位，常造成

41

"破头疯""破叶疯"，引起棉蕾脱落。

3. 防治方法 采用"晴天早晚打，阴天全天喷"的防治措施。可选用阿维菌素、吡虫啉、辛硫磷等农药（图 3-11）。

图 3-11 棉盲蝽为害状

棉盲蝽为害状

第四章

棉花机械采收配套技术

棉花生产全程机械化是一项系统工程，涉及品种培育、残膜回收、栽培农艺、田间管理、化学脱叶催熟、机械采收、棉花清理加工等诸多环节，下面着重介绍机械采收配套技术。

棉花小课堂

新疆机采棉简介

棉花是新疆的主要经济作物之一，新疆每年棉花栽培面积保持在2 000万亩以上，棉花总产量可达300多万吨，接近全国棉花总产量的一半，是我国最重要的商品棉生产基地和优质棉花产区。每到棉花采摘季节，新疆需要从内地组织大量劳动力赴疆采棉。近年来，采棉劳动力日益紧缺，人工价格不断上涨，影响了棉花生产，这成为困扰新疆棉花产业发展的一个难题。为此，新疆在组织人工采棉的同时，近年来不断加大机采棉推广力度。实施机械采棉，一方面能够缓解劳动力短缺问题，另一方面可以提高劳动生产效率，降低生产成本，增加棉农收入。机采棉产量高，棉花采摘快，运输方便，生产效率大幅提高，经济效益增长明显，种植机采棉成为一种趋势，同时也是促进农业现代化、应对国际市场竞争和挑战的必然选择。目前，新疆机采棉种植面积突破500万亩，成为全国最大的机械化采棉基地。那么，机械采棉有这么多优势，是不是所有的棉花都可以用机械采收？

不是的，机采棉通过使用机械采棉设备取代人工采摘棉花，采摘与加工方式和传统手工棉有很大的不同，因此，栽培管理模式也要相应转变。为了适应机械采摘，机采棉要求配置特定的行距，并控制棉花高度。目前，国内外生产使用较多的采棉机，机械采摘原理都基本相同。采棉机的采摘部件由于受到自身结构的限制，采摘行距是相对固定的，这就要求棉花种植行距要做相应调整，适应采摘部件的宽度，以保证采棉机在棉行中顺利通过和采摘。根据目前几种主要采棉机械的要求，采摘行距为 76 厘米，因此机采棉的行距必须达到 76 厘米，才能适应采棉机采收。机械采摘棉花对棉花的高度也有相应要求，如果棉花太高，棉铃成熟晚，浪费养分；棉花太矮，采收不干净。经过多年试验确定，新疆机采棉的植株高度应控制在70~75 厘米，这样既能满足采收机的采收条件，又不影响棉花的产量。另外，棉花第一果枝上的棉桃俗称脚花。脚花过低，机械采收不到，会影响产量。采棉机最下面的摘锭离地高度 15 厘米，因此，棉花结铃部位高度要大于 15 厘米，一般第一果枝高度 20 厘米比较合适。

为了达到以上要求，必须调整棉花栽培模式，播种时按照特定行距播种；生长过程中，通过化学调控和打顶等方式控制棉花高度。不过，机采棉的栽培是一项系统工程，要使棉花实现机械采收并保持高产，播种方式、田间管理以及采收方式上都有所改变，并使用配套技术才能达到高产高效。

扫码看视频之新疆机采棉简介

一、机采棉品种选择

由于机械采摘与传统手摘棉花有很大的区别，因此，机采棉对棉花品种有着特殊的要求，适合机采的棉花品种一般具有以下特点：

（1）株型紧凑，最好是筒形。松散型或塔形不适合机采。

（2）棉花早熟，生长期在 125 天以内。

（3）纤维多且长，能够接受机械的冲击，减少采收和加工过程中的程度损失。

（4）吐絮集中，吐絮棉壳开裂充分，不夹壳。采收时，能减少挂枝棉和遗留棉。

（5）成熟期一致，能够一次性采净。

（6）抗倒伏，可减少机械对棉花植株的碰撞。

（7）对脱叶剂敏感，脱叶彻底，减少杂质。

扫码看视频之
品种选择

目前，适宜机采的棉花品种主要有新陆早 33、新陆早 42、惠远 710 等。

二、播前准备

1. 土地选择　为提高采棉机械作业效率，应尽量选择排灌方便的土地，最好是连片面积较大的无梗条田，面积在 100 亩以上，集中连片种植，便于机械收获。

地块要求地面平整，土壤质地好，肥力中等以上。

2. 配套滴灌设施　采用滴灌，能够节水增产，是机采棉的一项配套技术。选好地后，必须配套滴灌设施。播种前利用冬春农闲时节，开挖沟槽，预先埋设滴灌管道，主干管埋在地下 1.5 米冻土层以下。主干管上连接出水管，向地面输水。连接好后，埋土回填。播种后，再连接地面管道。地下埋藏主管道后，以后不用每年预埋管道，可以使用 10 年以上。

3. 施肥整地　要实现高产，棉田必须具有较高的肥力，播种前要施足底肥。施肥要在测土配方的基础上进行，每亩施优质腐熟有机肥 2 000～3 000 千克，施尿素 25 千克、过磷酸钙 15 千克、硫酸钾 5 千克。施肥后，使用大功率拖拉机犁地，犁地深度在 28～30 厘米。

扫码看视频之
播前准备

犁地后喷施一次除草剂，防治杂草。除草剂一般使用低毒性的农药，按照使用说明，均匀喷施到田间，做到不重不漏。喷施除草剂后，及时靶地，整地质量要求平整、松碎、地面干净。

三、播种

1. 播种时间 机采棉要重视早播，早播能延长棉桃的生长时间，使棉桃充分成熟和开裂，有利于机械采摘。一般地下 5 厘米地温稳定通过 12℃，是机采棉的最佳播种时期。正常年份的最适宜播种期在 4 月上中旬。

2. 选种 机采棉要求出苗整齐、苗壮，因此在种子质量上要严格把关。播种前要选购优质棉种，做好种子清选。

3. 晒种 一般在播种前 15 天进行晒种。晒种可以打破棉种的休眠状态，促进种子后熟，提高种子发芽率和发芽势。种子要在强光条件下摊晒 2～3 天，每天翻动 3～4 次，以保证晒匀、晒透。

4. 拌种 药剂拌种可以杀死种子携带的病菌和播种后周围土壤中的病菌，防治苗期病害。可以购买配置好的种衣剂拌种，拌种后将种子晾干播种。

5. 机械播种 机采棉对播种精度要求较高，应该选配大型铺膜铺管精量播种机进行棉田播种作业（图 4-1）。将棉花种子倒入播种机播种。机械携带地膜、滴灌带和种子，播种时可以依次完成铺滴灌带、覆盖地膜和播种 3 项任务。依据目前采棉机主要机型的要求，采收行距为 76 厘米，因此机采棉播种行距要达到 76 厘米。同时为了保证产量，必须增加种植密度。经过多年摸索试验，科技人员筛选出 68 厘米＋8 厘米和 66 厘米＋10 厘米的 2 种双行种植模式（图 4-2）。其中，66 厘米＋10 厘米的种植模式是目前普遍采用的模式，棉花种子播在窄行，实行双行种植。在实行双行种植的同时实行密植，棉花株距9～10 厘米，每亩理论株数 1.8 万～2.0 万株。这种栽培模式既适合机械采收，又有助于实现高产。

机采棉要求播种行距误差不超过 2 厘米，播行要直，有条件的地方可以采用定位导航技术，实施精准播种，保证行距的一致性。

6. 连接滴灌带 播种之后，连接地面滴灌管道，将支管接上出水管，再将已经铺好的滴灌带接在支管上。管道连接好后，及时滴出苗水，尤其是墒情差的地块要立即滴出苗水。每亩用水 $20\sim25$ 米^3，促使种子早出苗，达到一播全苗。

扫码看视频
之播种

图 4-1　机械播种

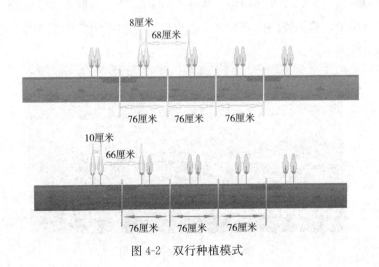

图 4-2　双行种植模式

四、田间管理

1. 调节结铃部位 为确保第一果枝（俗称脚花）即结铃部位离地高度≥18厘米，可在出苗80％时第一次喷施缩节胺，剂量是1.0～1.2克/亩；两叶一心时第二次喷施缩节胺，剂量是1.5～2.0克/亩。

2. 化学脱叶催熟 喷施脱叶剂可促进棉花集中吐絮，降低籽棉的含杂率，减少棉花染色污染，提高采净率，但也会造成上部棉铃单铃重降低，衣分下降。

（1）喷施条件。①喷施时间9月5—15日。②日平均温度18℃以上（日最低温度≥14℃）。③棉花吐絮率40％以上。

（2）用药基本原则。①喷施雾滴小，保证棉株上、中、下层叶片喷洒均匀。②在风大、降雨前或烈日下禁止喷药作业。喷药后12小时内若有中等强度降雨，应当重喷。③原则上喷施一次脱叶剂的地块可适当偏晚；喷施两次的地块可适当提前，两次之间间隔6～7天。④正常棉田用药适当偏少，过旺棉田适当偏多。⑤早熟品种用药适当偏少，晚熟品种适当偏多。⑥喷期早的棉田用药适当偏少，喷期晚的适当偏多。⑦密度小的棉田用药适当偏少，密度大的适当偏多（图4-3）。

图4-3 无人机喷施脱叶剂

（3）药剂用量。①喷药一次。每亩喷施瑞脱隆 30～35 毫升加乙烯利 70～100 毫升，或脱吐隆 12～15 毫升加乙烯利 70～100 毫升。②喷药两次。根据棉花长势长相、吐絮情况，第一次每亩喷施瑞脱隆 25～30 毫升加乙烯利 70～100 毫升，或脱吐隆 8～12 毫升加乙烯利 70～100 毫升；第二次每亩喷施瑞脱隆 10～15 毫升加乙烯利 40 毫升，或脱吐隆 6～8 毫升加乙烯利 40 毫升。

（4）存在的问题。由于机采棉田过于密闭，药液可能无法覆盖层层叠叠的叶片，大部分的药液附着在上部叶片，造成棉花上部药液过多，中下部药液不足。最终棉花上部减产，中下部脱叶率低（图 4-4）。所以，要严格按用药原则喷施。

图 4-4　棉田未达到脱叶效果

新疆机采棉
苗期管理

新疆机采棉
蕾期管理

新疆机采棉
花铃期管理

新疆机采棉
吐絮期管理

扫码看视频

51

五、机采棉栽培目标

1. 基本性状 株型紧凑，最好是筒形（图4-5）；成熟期一致；结铃性强；抗倒伏；棉花吐絮后含絮力适中，有一定的抗风和抗冲撞力；棉花的纤维长度和比强要分别达到30以上；棉花纤维的整齐度也要达到市场要求。

2. 结铃部位 最低结铃部位离地高度≥18厘米。因采棉机摘锭离地高度最低15厘米，棉铃最低高度≥18厘米，可减少损失，防止残膜混入籽棉。

3. 棉铃间距 棉铃在棉株高度范围内分布均匀。如果单株结6个铃（6台果枝），理想状态下，棉铃上下间距10～11厘米。若双行合并采收，棉铃上下间距可在5.0～5.5厘米。

4. 棉株高度 棉株高度70～75厘米。若棉株低、棉铃间距过小，影响采净率。若棉株过高，棉铃成熟晚且浪费养分。一般新疆北疆栽培株高75厘米，南疆株高80厘米。

5. 脱叶催熟处理 经喷洒脱叶剂的棉花，棉花脱叶率应在80%以上，棉桃的吐絮率应在80%以上。新疆要求机采棉的脱叶率在95%以上，棉桃的吐絮率在98%以上（图4-6）。

图4-5 筒形棉花

图4-6 脱叶后的棉田

六、农田残膜处理

农田残膜可造成许多危害：①地膜残留破坏土壤理化性状，阻止根系发育及水分和养分吸收，影响肥效，造成烂种烂芽。种子播在残膜上，烂种率可达 8.2%，烂芽率可达 5.6%，棉田平均减产 12%。②残膜易缠绕采棉机摘锭，降低采净率，损坏脱棉盘和其他部件。③残膜造成皮棉异性纤维增加，降低皮棉等级，影响销售价格。④残膜增加棉纺产品的次品率。

图 4-7　人工处理农田残膜

因此，棉花播种前必须将棉田的残膜彻底清理干净（图 4-7、图 4-8）。

图 4-8　机械搂膜

七、采收

1. 采棉机作业要求 ①棉田平坦，无沟渠和较大田埂，无杂草，无法清除的障碍物应有明显标记。②棉田面积较大，地头转弯空间大，不陷车。③卸棉及时。④及时清理采棉机。

2. 采收前准备 机械采收前对地标、地脚、机械无法采摘的地点进行人工采摘，一般在棉田两边整理出 5～10 米的地头。田间滴灌管道会影响机械通行，采收前要回收铺在地面的横向支管，并清除到地头外，保证采棉机行驶平稳畅通。

3. 采收时间 喷施脱叶剂 20 天左右，当棉花脱叶率达到 95％、吐絮率达到 98％时，可以进行机械采收。10：00—22：00 均可进行采棉作业。严禁在下雨和有露水的夜间作业（图 4-9）。

图 4-9　采棉机作业场景

4. 质量标准 采净率达 93％以上，总损失率≤6％，挂枝率≤1％，遗留棉花≤1.5％，挂落棉花≤2％，含杂率≤12％，含水率≤10％。为了提高采净率，采棉机作业速度要控制在 5 千米/时以内，同时制定合理的行走路线，以减少撞落损失。

54

注意：籽棉含水率在 9％以内，则棉花可安全堆放 60 天；含水率 10％～12％，可安全堆放 30 天。控制含水率的途径：①采收前测定田间籽棉含水率，以确定每日采收时间。②不能及时交厂的棉花要有防雨措施，尤其是卸在地头的棉花。

5. 机械采收作业的安全问题　①驾驶员必须具备有效的驾驶证。②采棉机必须报户挂牌，参加应有的保险。③各安全标志应明显。④采棉机操作人员经常检查、清理脱棉盘和湿润刷，保持清洁。⑤非机组人员不得随意上机。⑥严禁在作业区内吸烟。⑦田间地头应备灭火设备。晚间检查调整和排除故障时严禁用明火照明。⑧作业时注意避开高压线，采棉机严禁停在高压线下。升起棉箱时要确保棉箱与高压线有足够的安全距离。

扫码看视频之机采棉采收

白岩，毛树春，田立文，等，2017. 新疆棉花高产简化栽培技术评述与展望［J］. 中国农业科学，50（1）：38-50.

蔡利华，邰红忠，练文明，等，2021. 播种时间对新疆阿拉尔垦区棉花生产的影响［J］. 中国棉花，48（6）：15-18.

刘素华，彭延，彭小峰，等，2016. 调亏灌溉与合理密植对旱区棉花生长发育及产量与品质的影响［J］. 棉花学报，28（2）：184-188.

秦文斌，李雪源，等，2005. 不同年代南疆棉花主要历史品种产量构成、纤维品质演变分析［J］. 中国棉花（12）：11-12.

桑春晓，2018. 棉花种植及生产机械化发展研究［J］. 安徽农业科学，46（5）：227-230.

宋兴虎，黄颖，袁源，等，2018. 氮肥用量及其后效对棉花产量和生物质累积动态的影响［J］. 棉花学报，30（2）：145-154.

张周志，2016. 棉花栽培技术及病虫害防治措施［J］. 南方农业，10（8）：12-13.

附录一　北方棉花轻简育苗移栽技术

棉花轻简育苗移栽技术改变了传统的种植模式，主要依托种植大户、农民合作社、专业育苗公司等，采用轻简育苗的移栽方法，为农户提供育苗移栽等服务，从而简化农户的种植管理环节，减少劳动量，实现轻松简单种棉。2010年，农业部开始在天津、河北、山东、河南、江苏、安徽、湖北、湖南、江西等9省市示范推广这项种植棉花的新技术。由于我国南北方地区存在地理差异和气候条件差异，棉花轻简育苗移栽技术在南北方的推广也有差异。下面就重点介绍适宜北方地区推广的棉花轻简育苗移栽技术。

一、技术优点

包括为农户代育苗、轻简育苗、轻简移栽、提高产量。

1. 为农户提供代育苗服务　为农户提供代育苗服务一般有订单育苗和委托育苗两种方式。订单育苗：农户根据自身需求可以提前与育苗单位签订订单，育苗单位则会按照订单进行育苗。委托育苗：由农民自己购买种子，委托育苗单位进行育苗。这样，农户不用自己播种，拿到棉苗后直接定植就可以，可简化很多前期管理环节，从而实现省工省力。

2. 轻简育苗　对于进行规模化育苗的育苗单位，主要采用穴盘基质育苗的方法，一方面育苗密度比较大，棚室利用率高；另一方面基质和育苗盘都比较轻便，利于搬动和转运棉苗。一般育苗时间1个月左右，可使用拆卸便捷的育苗棚，不仅可重复利用，降低成本，还易于安装拆卸，节省人工。另外，也可以借用闲置的蔬菜大棚进行育苗。

3. 轻简移栽　轻简移栽主要通过机械来实现，移栽机自动完成打坑、移栽、浇定根水，不仅效率高，整个移栽过程几乎不伤苗，缓苗时间短，成活率高，而且棉苗长势一致，苗齐苗壮。农户可省去传统种植方法中查苗、补

扫码看视频之
技术优点

57

苗、定苗等一系列管理环节。

4. 提高产量 育苗单位一般提前 1 个月进行育苗，在棉苗 2～3 片真叶时开始移栽。移栽时期与传统方法播种时期相同，除去棉苗缓苗所需的 7～8 天时间，棉花植株整个生育期就能够延长 20 多天，利于多开花、多结铃，最终提高产量。

二、技术要点

1. 准备棉种 根据当地种植条件以及农户种植需求，选择抗病虫能力强、长势壮、不早衰、增产潜力大的杂交棉品种。种子应选择脱棉包衣棉种，籽粒饱满，成熟度好，发芽率不低于 80%。

2. 准备育苗设施 育苗棚要建造牢固，防止春天大风天气对棚室造成损害。育苗前还要备好育苗基质，一般选用 72 孔穴盘。基质可直接购买专用棉花育苗基质。

3. 播种 在我国北方春季播种，一般以当地传统播种时间为基准，提前 30 天左右播种即可。播种时先把基质与水搅拌均匀，基质含水量达到 50%～60%。将调配好的基质装入穴孔，先装入 1/3 左右，然后放入种子，盖上基质，轻轻按压后刮平。

4. 建苗床 建造苗床可以用简便的方法，先将棚内地面整平，再覆上地膜。将育苗盘整齐摆放在苗床上，再覆盖一层地膜，用土把四周压好。这样，育苗盘被两层地膜夹在中间，不仅利于保温、保湿，还避免了育苗盘与土壤接触，减少病害发生。

5. 播后管理 棉花播种到出苗一般需要 3～4 天，在此期间不需要浇水，重点控制好空气温度和苗床温度。白天棚内空气温度控制在 20～28℃，床温控制在 20℃左右；夜间棚内空气温度控制在 12～20℃，床温控制在 15℃左右。

6. 苗期管理 当 50%～60%棉苗出土时，要及时揭去覆盖的地膜，使小苗见光变绿并防止高温烧苗。

（1）水分管理。棉苗刚出土时，常常顶着基质，在揭膜后要及时喷水，一方面补充水分，另一方面冲刷掉挂苗的基质，防止根系外露。一般苗期基质含水量保持在50%～60%，棚内空气相对湿度保持70%左右。在棉花出苗后，随着通风加大和气温升高，苗床失水加快，要根据基质和棉苗情况及时喷水。在棉苗刚刚出土到长出真叶前的时期，一般每两天喷水一次。棉苗长出真叶到移栽前，一般每天喷水一次。喷水时间要选择晴天上午9—10时进行，此时气温开始回升，可以有效避免因浇水造成棚内温度过低。浇水1小时后，要及时打开风口通风降湿。

（2）温度管理。从棉花出苗到长出真叶前，棚内白天温度控制在25～30℃，夜间控制在17～18℃。当棉花长出真叶后，就要进行通风炼苗。此期要在上午8—9时打开风口进行通风，下午4时左右关闭风口，把白天棚内空气温度控制在25℃左右，夜间控制在10～15℃。在移栽前10天，要彻夜通风炼苗，使棉苗逐渐适应外界气候条件。

（3）化控。棉苗子叶平展后到移栽前，为防止棉花形成"高脚苗"，还要用缩节胺进行化控。

（4）喷施叶面肥。棉苗长出真叶后，为了提高植株长势，还要喷施叶面肥。一般用0.5%～1.0%尿素和0.3%磷酸二氢钾混合溶液，每5天喷施一次，连续喷施2～3次。

7. 移栽　棉花最佳移栽苗龄为两叶一心到三叶一心，最晚不要超过四叶一心，此时主茎红色部分占到主茎高度一半以上。

扫码看视频之
技术要点

8. 整地　移栽前要进行整地，整地覆膜后即可移栽。不同棉花品种、不同地力条件，每亩移栽棉苗数量有一定差异，但移栽深度一般为7厘米。在移栽前要先对移栽机的株距、行距进行调整，移栽时要连同基质一起放入下苗管。移栽机在拖拉机的牵引下打坑、定植、浇定根水。

在以后的管理中，只要按照常规的方法进行田间管理即可。

附录二　旱地棉栽培技术

旱地棉指的是主要依赖自然降水提供水源的棉花。

一、生长发育特点

1. 总体特点　由于干旱、贫瘠的自然条件，棉花在土壤中吸收水分、养分不足，因此旱地棉在生长前期发育慢，生育期推迟，棉株小，叶面积较小。旱地棉花较正常棉花现蕾推迟 7～10 天，单株生产能力降低。

2. 吸肥特点　旱地棉吸收氮磷肥的高峰期是在现蕾至开花期，比有水浇条件的棉花吸收高峰早 15～20 天。这一时期吸收的氮肥占全生育期总量的 71.5％，磷肥占 54.7％。

3. 结铃规律　旱地棉有效结铃期短，以河北省冀州区为例，旱地棉有效结铃期一般在 7 月中旬—8 月中旬，比水地棉少近 1 个月时间。旱地棉的有效果枝为 8～10 个。第一、二果枝结铃数占总铃数的 77％，且第一、二果枝成铃率要高于水地棉。

扫码看视频之
旱地棉生长
发育特点

4. 根系分布　旱地棉生长盛期正值气候干旱阶段，限制了根系的生长，与水浇地棉花相比侧根少 25 条左右，水平扩展范围小 40 厘米左右，而主根长 40 厘米左右，说明主根入土深，能吸收利用土壤深层的水分，具有较强的耐旱能力。

二、播前准备

1. 蓄墒保墒　多雨年月，要在秋后充分利用耕翻、耙地等农艺措施蓄水保墒。春季采取耙地等措施，保证棉花能适期播种。

2. 品种选择　旱地棉水源条件差，在品种选择上要选择出苗好、生育期偏早熟、耐旱、生长势强、丰产稳产的品种，如中棉所 41、中棉所 45 等。

3. 早施肥　根据旱地棉的生长特点，将后期作为追肥的肥料提前作为底肥施入，即有机肥、氮磷肥，三肥一次底施。经专家多年试验证明，在栽培旱地棉时，氮肥提早与底肥一同施入比同等肥量作为追肥施入，每亩可以增产2.6%～12.1%。以河北省冀州区为例，一般每亩施用氮磷钾（15-15-15）复合肥35～40千克，同时增施有机肥3 000千克。

4. 使用抗旱保水剂　抗旱保水剂又称土壤保墒剂、抗蒸腾剂、微型水库，是一种有机高分子聚合物，在旱地棉生产中常用作种子抗旱包衣剂。播种后，它可以迅速吸收土壤中的水至种子周围，使水基本不流动、不渗湿，并在天旱时缓慢释放，使种子快速生根发芽，达到苗齐、苗全、苗壮的目的。抗旱保水剂可循环利用，供给植物生长所需水分，并且不会造成烂种，无毒、安全、环保，可以自然分解，无残留，不污染土壤。使用时先向容器中加入1千克冷水，再将20克保水剂均匀撒在水中，边撒边搅拌，搅拌15分钟后，将15～20千克种子倒入容器内再次搅拌均匀，而后摊开进行晾晒，防止粘连。一般晾晒4～6小时。

三、播种

1. 播种时间　一般在春旱严重的年月，地表以下5厘米的地温稳定在14℃以上时就要及时播种。若播种前遇到中雨，即便温度达到14℃以上也不要急于播种。以河北省冀州区为例，适宜播种期为4月20—25日，最晚要在5月5日前播完。

2. 播种方法　墒情较好，干土层在2厘米左右时可用条播机或点播机直接播种。底墒较好，干土层在4厘米左右时，可先镇压提墒减少干土层，再直接平播。还有一些地区在播种适期内没有有效降雨，但也必须进行播种。旱地棉要密植，在播种时每亩地的用种量为2.0～2.5千克，相较于普通棉田用种量多15%～20%。最好使用地膜覆盖栽培，以达到保湿作用。

扫码看视频之
旱地棉播种

四、田间管理

1. 间苗、定苗 棉花长到 3～4 片真叶时进行间苗、定苗，一般水浇棉田每亩留苗 3 000～4 000 株；旱地留苗则要达到每亩 6 000～8 000 株，行距 46～57 厘米，株距 15～19 厘米。

2. 早治虫 旱地棉常见虫害有蚜虫、叶螨等，应在技术人员指导下及早防治。

3. 矮化株型 6 月以后，旱地棉进入雨期，正常情况下棉株自然矮小，不必进行化控。若遇多雨年月，要根据降水和棉花长势，适当用缩节胺化控 1～2 次，每亩每次用量 2～3 克，使株高控制在 65～75 厘米。株型紧凑有利于密植条件下的通风透光，实现株型矮化。

4. 早打顶 一般旱地棉有 8～10 个可见果枝时及时打顶，时间在 6 月底至 7 月初，最迟不晚于 7 月上旬。

5. 早喷肥 由于旱地棉浇水没有保障，要将普通棉田在 8 月上旬喷施的叶面肥提前到 7 月上旬，每亩每次用 2.5％尿素溶液 25 千克和 0.5％磷酸二氢钾溶液 25 千克混合喷施。每隔 7～10 天喷施一次，连续喷施 3～4 次。

五、采摘

当旱地棉进入吐絮期，棉桃开裂后 7～10 天，即可开始采摘。

扫码看视频之
旱地棉田间管理

附录三　棉花代表品种简介

一、新陆中 73

新陆中 73（原代号新 38）是由新疆农业科学院经济作物研究所选育的中早熟常规陆地棉新品种（新审棉 2014 年 62 号）。品种来源为 K-3159×新陆中 14。

1. 特征特性　该品种生育期 136 天左右；植株塔形清秀，Ⅱ式果枝，茎秆粗壮有韧性；叶片中等大小；株高 78.5 厘米；平均始果节位 5.8 节，果枝数 9～10 台；结铃性好，单株铃数 7～9 个，单铃重 5.5～6.3 克；平均衣分 44.4%；早熟性较好，霜前花率 93.3%，絮色洁白；含絮力好，吐絮畅而集中，易采摘。

2. 品质性状　纤维品质综合优良，上半部平均纤维长度 30.4 毫米，断裂比强度 30.0 厘牛/特克斯，马克隆值 4.4，整齐度指数 84.6%。

3. 抗性鉴定　抗逆性、适应性强，抗枯萎病，耐黄萎病。

4. 产量表现　两年区域试验平均结果：籽棉、皮棉和霜前皮棉亩产分别为 392.1 千克、171.5 千克和 160.8 千克。生产试验结果：籽棉、皮棉和霜前皮棉亩产产量分别为 377.8 千克、163.3 千克和 154.0 千克。

5. 适宜种植区域　新疆南疆早中熟棉区。

新陆中 73

二、新陆中 76

新陆中 76（原代号新 46）是由新疆农业科学院经济作物研究所选育的中早熟常规陆地棉新品种，2014 年通过国家、自治区两级品种审定部门共同审

定（国审棉 2014013，新审棉 2014 年 65
号）。品种来源为新陆中 9 号×K-3160。

1. 特征特性 该品种生育期 139 天左
右。出苗快，生长势强，整齐度较好，后
期不早衰，吐絮畅。Ⅱ式果枝，植株塔形
清秀，株高 68.2 厘米，叶片中等大小、绿
色，第一果枝节位 5.7 节，单株结铃 7.0
个，铃卵圆形，单铃重 6.3 克，衣分
44.1%，子指 11.1 克，霜前花率 94.5%。

2. 品质性状 上半部平均纤维长度
30.36 毫米，断裂比强度 29.3 厘牛/特克
斯，马克隆值 4.4，整齐度指数 84.9%。

3. 抗性鉴定 抗逆性较强，高抗枯萎
病，耐黄萎病。

4. 产量表现 2013 年生产试验结果：
籽棉、皮棉和霜前皮棉亩产分别为 412.5
千克、175.6 千克和 163.7 千克。

5. 适宜种植区域 新疆南疆早中熟
棉区。

三、新海 47

新海 47（原代号 K-379），是由新疆
农业科学院经济作物研究所选育的早熟长
绒棉新品种（新审棉 2014 年 68 号）。品
种来源为 258×新海 16。

1. 特征特性 该品种生育期 140 天左
右；株型筒形，零式果枝，茎秆粗壮、直
立；叶片中大，叶色绿，叶片 3～5 裂；

新陆中 76

新海 47

生长稳健，株高 90～100 厘米；平均始果节位 3.0 节，果枝数 12～14 台，结铃性好，单株铃数 13～15 个；铃较大，铃形长锥，单铃重 3.4～3.7 克，蒴果 3～4 室，子指 12.5 克；平均衣分 32.6％；早熟性好，吐絮集中，霜前花率 93.7％。含絮力好，吐絮畅、易采摘。

2. 品质性状 纤维品质综合优良，两年区域试验和一年生产试验检测平均结果：上半部平均纤维长度 37.7 毫米，断裂比强度 46.1 厘牛/特克斯，马克隆值 4.2，整齐度指数 88.2％。

3. 抗性鉴定 抗病性较好，抗枯萎病、黄萎病。

4. 产量表现 2013 年生产试验结果：皮棉平均亩产 132.3 千克。

5. 适宜种植区域 新疆南疆长绒棉种植区。

四、新海 60

新海 60（原名 K-138），审定编号新审棉 2017 年 57 号，是由新疆农业科学院经济作物研究所选育的优质、丰产、抗病长绒棉品种。2017 年通过新疆维吾尔自治区农作物品种审定委员会审定。品种来源为新海 26×97006 优系。

1. 特征特性 该品种生育期 135 天左右。零式果枝，株型呈筒形，果柄较短，生长势较强，叶片中等偏大，株高 100 厘米左右；第一果枝节位 2.7 节，果枝数 14～16 台；铃长尖形，单株结铃 14.8 个，铃重 3.3 克，衣分 33.0％，子指 12.4 克；吐絮畅而集中，纤维品质优良，抗病性和丰产性好。絮色洁白，含絮较好，较适宜机采。

2. 品质性状 上半部平均纤维

新海 60

长度 37.9 毫米，断裂比强度 44.1 厘牛/特克斯，马克隆值 4.0，整齐度指数 89.7％。

3. 抗性鉴定 高抗枯萎病，高抗黄萎病。

4. 产量表现 2016 年生产试验结果：皮棉平均亩产 116.7 千克。

5. 适宜种植区域 新疆南疆早熟长绒棉区。

五、新陆中 80

新陆中 80（原名新 6012），品种来源为 W601×K-3387，是由新疆农业科学院经济作物研究所选育的早中熟机采陆地棉品种。2016 年通过新疆维吾尔自治区农作物品种审定委员会审定（新审棉 2016 年 29 号）。

1. 特征特性 该品种生育期 135 天左右，植株塔形；单株铃数 7.8 个，铃重 5.7 克，子指 10.8 克，衣分 42.8％，霜前花率 96.9％；对落叶剂较敏感，落叶效果好，吐絮畅而集中、含絮力好，适宜机采。

2. 品质性状 纤维长度 31.2 毫米，断裂比强度 30.3 厘牛/特克斯，整齐度指数 85.2％，马克隆值 4.5，絮色洁白。

3. 抗性鉴定 高抗枯萎病，抗黄萎病，适应性和抗逆性较好。

4. 产量表现 生产试验结果：籽棉产量、皮棉产量和霜前皮棉产量分别为 374.9 千克/亩、164.9 千克/亩和 161 千克/亩。

新陆中 80

5. 适宜种植区域 新疆南疆早中熟陆地棉区。

六、新陆中 84

新陆中 84（原名新 72），品种来源为新陆中 27×K-3334，是由新疆农业科学院经济作物研究所选育的早中熟机采陆地棉品种，2017 年通过新疆维吾尔自治区农作物品种审定委员会审定并命名（新审棉 2017 年 51 号）。

1. 特征特性 该品种生育期 138 天左右，植株塔形；单株铃数 7.5 个，铃重 5.8 克，子指 10.5 克，衣分 44.5%，霜前花率 96.7%。该品种对落叶剂较敏感，落叶效果好，吐絮畅而集中，适宜机采。

2. 品质性状 纤维长度 31.0 毫米，断裂比强度 31.9 厘牛/特克斯，整齐度指数 85.6%，马克隆值 4.3，絮色洁白。

3. 抗性鉴定 高抗枯萎病，耐黄萎病。适应性和抗逆性综合表现较好。

新陆中 84

4. 产量表现 区域试验结果：皮棉亩产为 156.7 千克。生产试验结果：皮棉亩产为 183.8 千克。

5. 适宜种植区域 新疆南疆早中熟棉区。

七、新海 61

新海 61，由新疆农业科学院经济作物研究所选育，2017 年审定并命名（新审棉 2017 年 58 号）。品种来源为 03293×AW-25。

1. 特征特性 该品种生育期 130 天左右，株铃数 15.0 个，株高 90～100 厘米，生长势较强。植株筒形，零式分枝，茎秆粗，果枝较长。结铃性强，铃重 3.3～3.5 克，大小适中，长卵圆形。子指 12.5 克左右，叶片中等大小，叶色深，丰产性突出。霜前花率 98.1%，衣分

新海 61

34.3%，棉花絮色洁白。早熟性好，吐絮集中，霜前花率高。

2. 品质性状　上半部平均纤维长度38.3毫米，断裂比强度45.3厘牛/特克斯，马克隆值4.4，整齐度指数88.6%，絮色洁白，纤维品质综合表现优良。

3. 抗性鉴定　高抗枯萎病，高抗黄萎病。

4. 产量表现　2016年生产试验结果：皮棉平均亩产118.4千克。

5. 适宜种植区域　新疆南疆早熟长绒棉区。

八、新陆中 78

新陆中78（原代号新苗1号），是由新疆农业科学院经济作物研究所选育的综合性状优良的早中熟优质棉新品种。2016年9月通过新疆维吾尔自治区农作物品种审定委员会审定（新审棉2016年27号）。

1. 特征特性　新陆中78生育期133天左右。单铃重6.2克，衣分44.8%。棉花生育前中期生长势较强，后期生长稳健不早衰，且中后期田间长势整齐度较好，霜前花率93.5%。

2. 品质性状　上半部平均纤维长度30.6毫米，断裂比强度33.1厘牛/特克斯，断裂伸长率5.1%，马克隆值4.0，反射率80.7%，纺纱均匀性指数167.5。

3. 抗性鉴定　抗枯萎病，耐黄萎病。

4. 产量表现　2015年生产试验结果：籽棉产量、皮棉产量和霜前皮棉产量分别比对照中棉49增产6.4%、4.5%和5.3%。

新陆中 78

5. 适宜种植区域　新疆南疆早中熟陆地棉区及北疆部分植棉区。

九、新 46

新 46 是由新疆农业科学院经济作物研究所选育的丰产、优质中早熟陆地棉新品种。2014 年 12 月、2015 年 1 月分别通过自治区级和国家级农作物品种审定委员会审定并命名。

1. 特征特性　生育期 139 天。出苗快，生长势强，后期不早衰，吐絮畅。Ⅱ式果枝，植株塔形清秀，株高 68.2 厘米，叶片中大、绿色，第一果枝节位 5.7 节，单株结铃 7.0 个，铃卵圆形，单铃重 5.9 克，衣分 44.1%，子指 11.1 克，霜前花率 94.5%。

2. 品质性状　纤维长度 30.4 毫米，断裂比强度 29.3 厘牛/特克斯，马克隆值 4.5，整齐度指数 84.9%，纺纱均匀性指数 145。

3. 抗性鉴定　高抗枯萎病，耐黄萎病。

4. 产量表现　2013 年生产试验结果：籽棉、皮棉和霜前皮棉亩产分别为 412.5 千克、175.6 千克和 163.7 千克。

新 46

5. 适宜种植区域　新疆南疆早中熟棉区。

十、新海 49

新海 49（原代号 AW-2044），是由新疆农业科学院经济作物研究所选育的优质、丰产、抗病长绒棉品种。2016 年 1 月通过新疆维吾尔自治区农作物品种审定委员会审定并命名（新审棉 2015 年 37 号）。

1. 特征特性　该品种生育期 143 天，长势较好，整齐度好。植株中等，株型筒形，零式分枝，果枝较长。叶片较大，叶色深。铃长卵圆形，第一果枝节位 3.2 节，果枝数 12.4 台，株铃数 10.9 个，单铃重 3.36 克，子指 12.7 克，衣分 32.7%。早熟性好，吐絮集中，霜前花率平均 97.1%。纤维品质优良，絮色洁白有丝光，吐絮畅、易采摘。

2. 品质性状　纤维长度 37.9 毫米，整齐度指数 88.2%，马克隆值 4.1，断裂比强度 43.9 厘牛/特克斯，伸长率 4.8%，纺纱均匀性指数 220。

3. 抗性鉴定　高抗枯萎病，高抗黄萎病。

4. 产量表现　两年区域试验结果：籽棉亩产 376.2 千克，皮棉亩产 127.2 千克，霜前皮棉亩产 119.6 千克。生产试验结果：籽棉亩产 339.6 千克，皮棉亩产 111.3 千克，霜前皮棉亩产 107.8 千克。

5. 适宜种植区域　新疆南疆长绒棉种植区。

新海 49

十一、新海 53

新海 53（原名 K-399），是由新疆农业科学院经济作物研究所选育的优质、丰产、抗病、早熟长绒棉新品种。2016 年 1 月通过新疆维吾尔自治区农作物品种审定委员会审定并命名。

1. 特征特性　该品种生育期 141 天左右；株型筒形，零式果枝；叶片中大，叶色绿，株高 94.5 厘米。始果节位 3.2 节，果枝数 13.4 台，单株铃数 13.6 个。单铃重 3.3 克，子指 12.4 克，衣分 32.8%。早熟性好，霜前花率 94.9%。含絮力好，吐絮畅、易采摘。

2. 品质性状　纤维品质优良，纤维长度 39.2 毫米，断裂比强度 45.3 厘牛/特克斯，马克隆值 4.0，整齐度指数 88.7%。

3. 抗性鉴定　抗病性较好，高抗枯萎病、黄萎病。

4. 产量表现　2014 年生产试验结果：籽棉、皮棉和霜前皮棉亩产分别为 345.3 千克、114.1 千克和 110.9 千克。

5. 适宜种植区域　新疆南疆长绒棉种植区。

十二、新陆早 73

新海 53

新陆早 73（原代号新农早 104）是由新疆农业科学院经济作物研究所选育的早熟机采棉品种。

1. 特征特性　生育期 123 天左右，植株近筒形，Ⅱ式果枝，株型紧凑，单铃重 5.5 克左右，衣分 42.0%～45.2%，子指 10.2 克左右，霜前花率 99.7%，整齐度好，吐絮畅，含絮力好，机采性能优异。抗逆适应性强，综合性状优良。

2. 品质性状　上半部平均纤维长度 29.9 毫米，断裂比强度 29.0 厘牛/特克斯，马克隆值 3.9，伸长率 5.5%，整齐度指数 83.3%，纺纱均匀性指

新陆早 73

数 142.6。

3. 抗性鉴定 高抗枯萎病，感黄萎病。

4. 产量表现 区域试验结果：皮棉、霜前皮棉产量分别为 2 521.5 千克/公顷、2 394 千克/公顷。

5. 适宜种植区域 新疆北疆早熟机采棉区。

十三、新陆中 42

新陆中 42 是由新疆农业科学院经济作物研究所选育的高产、抗病、优质型早中熟棉花品种。2009 年通过新疆维吾尔自治区审定并命名，2015 年通过内蒙古自治区审定（蒙认棉 2015003）。

1. 特征特性 该品种生育期 135 天，Ⅰ～Ⅱ式果枝，植株近筒形。该品种前中、期生长势较强，后期生长稳健，不早衰。叶片较小，淡绿色，田间通透性较好。棉株结铃性强，铃重 5.8 克，衣分43.2%，吐絮较集中。

2. 品质性状 纤维长度 31.4 毫米，断裂比强度 31.8 厘牛/特克斯，马克隆值 4.4。

3. 抗性鉴定 抗枯萎病，耐黄萎病。

4. 产量表现 2009 年在新疆阿拉尔良繁场、十团和十六团示范种植 120 亩，

新陆中 42

田间表现好，丰产架子强，早熟性好，其中在十六团四连示范种植籽棉亩产达到 806 千克。2010 年扩繁原种试验，实收籽棉产量 414.1 千克/亩。

5. 适宜种植区域 新疆南疆中早熟棉区。

十四、新陆中 77

新陆中 77（原代号新 K-3387）是由新疆农业科学院经济作物研究所选育

的丰产、优质、抗病中早熟陆地棉新品种。2016 年 1 月通过新疆维吾尔自治区农作物品种审定委员会审定并命名。

1. 特征特性 该品种生育期 138 天左右；植株塔形，Ⅱ式果枝，茎秆有韧性；叶片中等大小；株高 75.3 厘米；平均始果节位 5.9 节，果枝数 10.1 台；单株铃数 7 个左右，单铃重 5.8 克，子指 10.7 克；衣分 44.7%，霜前花率 94.0% 左右。絮色白，含絮好，吐絮畅而集中、易采摘。

新陆中 77

2. 品质性状 品质优良，纤维长度 30.2 毫米，断裂比强度 30.1 厘牛/特克斯，马克隆值 4.2，整齐度指数 84.6%。

3. 抗性鉴定 抗病性较好，高抗枯萎病，抗黄萎病。

4. 产量表现 两年区域试验结果：平均籽棉、皮棉和霜前皮棉亩产分别为 384.7 千克、169.1 千克和 163.3 千克。生产试验结果：籽棉、皮棉和霜前皮棉亩产分别为 373.9 千克、151.7 千克和 136.1 千克。

5. 适宜种植区域 新疆南疆早中熟陆地棉种植区。

十五、新海 48

新海 48（原代号 X-2038）是由新疆农业科学院经济作物研究所选育的优质、丰产、抗病长绒棉新品种。2014 年 10 月通过新疆维吾尔自治区农作物品种审定委员会审定并命名（新审棉 2014 年 69 号）。

1. 特征特性 该品种生育期 136～140 天，全生育期长势较强、整齐度好。植株呈筒形，较紧凑，零式分枝，叶片较大，叶色深绿。株高 95～100 厘米，第一果枝节位 3.4 节，铃长卵圆形，蒴果 3～4 室，子指 12.8～13.7 克。早熟性好、吐絮集中，霜前花率 95.14 ％。吐絮畅、易采摘。

2. 品质性状 上半部平均纤维长度 38.6 毫米，整齐度指数 88.2 ％，马克隆值 3.9，断裂比强度 46.5 厘牛/特克斯，伸长率 4.7％，纺纱均匀性指数 230.5。棉花絮色洁白，有丝光，综合品质优良。

3. 抗性鉴定 抗逆性好，适应性强。抗枯萎病，抗黄萎病。

4. 产量表现 该品种丰产性好，在多

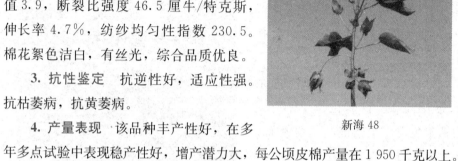

新海 48

年多点试验中表现稳产性好，增产潜力大，每公顷皮棉产量在 1 950 千克以上。

5. 适宜种植区域 新疆南疆早熟长绒棉区。

十六、新陆中 75

新陆中 75（原代号 X-1031）是由新疆农业科学院经济作物研究所选育的优质、高产陆地棉新品种。2014 年 10 月通过新疆维吾尔自治区农作物品种审定委员会审定并命名（新审棉 2014 年 64 号）。

1. 特征特性 该品种生育期 143 天左右，全生育期长势较强、整齐度好。植株塔形，较紧凑，毛秆，叶片被毛，中等大小、上举，叶色较淡，叶裂深。株高 74.4 厘米，第一果枝节位 7.6 节，铃卵圆形，中等大小，蒴果 4 室，子指 11～12 克。早熟性好，吐絮集中，霜前花率 96.5％，吐

新陆中 75

絮畅、易采摘。

2. 品质性状　上半部平均纤维长度 30.7 毫米，整齐度指数 86.1%，马克隆值 4.4，断裂比强度 33.0 厘牛/特克斯，伸长率 7.2%，反射率 79.1%，黄度 7.7，纺纱均匀性指数 166.8，絮色洁白，综合品质优良。

3. 抗性鉴定　耐枯萎病，感黄萎病。

4. 产量表现　该品种丰产性好，在多年多点试验中表现稳产性好，增产潜力大。两年区域试验和生产试验结果：平均每公顷皮棉产量在 2 300 千克以上。

5. 适宜种植区域　新疆南疆早中熟棉区。

十七、国欣棉 3 号

国欣棉 3 号是由河北省河间市国欣农村技术服务总会选育的转基因抗虫常规棉花品种。

1. 特征特性　株型松散，株高 98 厘米，茎秆稍软，茸毛多，掌状叶有皱褶，叶片中等大小、浅绿色，果枝始节位 7.3 节，单株结铃 15.8 个，铃卵圆形，单铃重 6.1 克，衣分 38.6%，子指 11.3 克，霜前花率 91.6%。出苗早、苗壮，前期长势一般，中期长势强，整齐度好，后期叶功能好，成铃吐絮集中，吐絮顺畅，耐枯萎病，抗黄萎病，抗棉铃虫。

2. 品质性状　上半部平均纤维长度 29 毫米，断裂比强度 28 厘牛/特克斯，马克隆值 5.5，断裂伸长率 6.8%，反射率 73.3%，黄度 8.2，整齐度指数 84.6%，纺纱均匀性指数 127。

3. 产量表现　2004—2005 年，黄河流域棉区春棉组品种区域试验结果：籽棉、皮棉和霜前皮棉亩产分别为 239.7 千克、92.5 千克和 84.9 千克。2005 年生产试验结果：籽棉、皮棉和霜前皮棉亩产分别为 237.1 千克、92.3 千克和 90.2 千克。

4. 适宜种植区域　河北中南部，山东，河南，江苏、安徽淮河以北，天津，山西南部，陕西关中黄河流域棉区，春播种植。

国欣棉 3 号

十八、冀棉 616

冀棉 616 是由河北省农林科学院棉花研究所选育的转基因抗虫品种。

1. 特征特性 植株塔形，株高 92.9 厘米，生育期 133 天左右。单株果枝数 12.8 台，第一果枝节位 6.7 节，单株成铃 14.8 个，铃重 6.4 克，子指 10.7 克，衣分 39.8%，霜前花率 90.0%。桃大，铃卵圆形，铃壳薄，吐絮畅。

2. 品质性状 上半部平均纤维长度 31.2 毫米，整齐度指数 84.9，马克隆值 4.9，断裂比强度 29.5 厘牛/特克斯，伸长率 6.1%，反射率 73.4%，黄度 7.9，纺纱均匀性指数 144。

3. 抗性鉴定 抗性强，高抗枯萎病，抗黄萎病，高抗棉铃虫。

4. 产量表现 2004—2005 年，冀中南春播常规棉组区域试验结果：皮棉平均亩产分别为 101.1 千克、102.4 千克，霜前皮棉平均亩产分别为 88.4 千克、95.4 千克。2006 年同组生产试验结果：皮棉亩产 102.8 千克，霜前皮棉亩产 97.4 千克。

5. 适宜种植区域 河北省中南部棉区，春播。

冀棉 616

十九、鲁棉研 37

鲁棉研 37（原代号鲁 253）是由山东棉花研究中心、河北神牛农业科技有限公司、河北银田种业有限公司选育的品种。

1. 特征特性 生育期平均 125 天，第一果枝靠主茎较近，果枝上扬。叶大，深绿色。铃卵圆形，结铃性强。株型介于塔形和扇形之间，株高 99.8 厘米，单株果枝数 13.6 台，第一果枝节位 7 节，单株成铃 19 个，铃重 6.2 克，子指 10.3 克，衣分 42%，霜前花率 90.7%。

2. 品质性状 纤维长 29.1 毫米，断裂比强度 28.3 厘牛/特克斯，马克隆值 4.8，纺纱均匀性指数 140.5。

3. 产量表现 2015 年河北省中南部春播常规棉组区域试验结果：皮棉平均亩产 125.8 千克，霜前皮棉平均亩产 115.5 千克。2016 年同组区域试验结果：皮棉平均亩产 105.2 千克，霜前皮棉平均亩产 95.1 千克。2016 年生产试验结果：皮棉平均亩产 109.1 千克，霜前皮棉平均亩产 99.2 千克。

4. 适宜种植区域 河北省中南部棉区，黄萎病轻病地春播。

鲁棉研 37

二十、新陆早 49

新陆早 49 是由新疆生产建设兵团农七师农业科学研究所选育的非转基因早熟常规棉品种。

1. 特征特性 西北内陆棉区春播生育期 132 天。前、中期长势和整齐度较好，后期早衰。株高 70.4 厘米，株型较紧凑，茎秆茸毛较少，叶片中等大小、色绿，果枝始节位 4.9 节，单株结铃 7.2 个，铃卵圆形，单铃重 5.4 克，衣分 42.0%，子指 10.3 克，霜前花率 90.2%。

2. 品质性状 上半部平均纤维长度 32.2 毫米，断裂比强度 32.7 厘牛/特克斯，马克隆值 4.6，断裂伸长率 6.4%，反射率 77.3%，黄度 7.7，整齐度指数 87.5%，纺纱均匀性指数 171。

3. 抗性鉴定 高抗枯萎病，感黄萎病。

4. 产量表现 2008—2009 年，两年区域试验结果：籽棉、皮棉和霜前皮棉亩产分别为 341.4 千克、143.3 千克和 130.4 千克。2009 年生产试验结果：

籽棉、皮棉和霜前皮棉亩产分别为 322.0 千克、136.4 千克和 116.6 千克。

　　5. 适宜种植区域　新疆北疆早熟棉区和甘肃河西走廊早熟棉区。

新陆早 49

二十一、新陆中 28

　　1. 特征特性　该品种生育期 135～140 天，植株塔形，Ⅱ式果枝。株型清秀，叶片小，叶相好，叶色深，叶裂深，叶片茸毛较少，叶层空间分布合理。棉铃卵圆形、中等大小。群体结构好，茎秆粗细适中，嫩茎为绿色，老熟后呈红褐色；茎表面茸毛较少；花冠乳白色。株高 70～80 厘米，始果节位 5.1 节，茎节间长 4～6 厘米，果枝数 11～12 台。田间通光透风好，单株结铃性强，空果枝较少。单铃重 5.5～6.0 克，铃壳薄，含絮力强，好拾花。霜前花率 95% 以上。絮色洁白，衣分 43%～45%，子指 11.1 克，种子呈梨形，植株抗逆性强，青棵成熟不早衰。

新陆中 28

79

2. 品质性状 纤维长度 29.9 毫米，整齐度指数 88.8%，断裂比强度 27.9 厘牛/特克斯，马克隆值 4.5，伸长率 8%，反射率 77.8%，黄度 7.3。

3. 产量表现 2008—2009 年，自治区区域试验及生产示范结果：平均亩产 465.58 千克，籽棉产量比对照增产 17.71%，皮棉产量增产 15.2%。

4. 适宜种植区域 新疆南疆部分棉区。

二十二、中棉所 72

中棉所 72 是由中国农业科学院棉花研究所选育的双价转基因抗虫杂交春棉品种。

1. 特征特性 生育期 129 天。出苗好，前、中期长势强，全生育期整齐度好；植株塔形，松散，株高 110.3 厘米；叶片中等大小，叶色较深；结铃性强，铃卵圆形，较大；平均第一果枝节位 6.6 节，单株果枝数 14.1 台，单株结铃 25.1 个，铃重 6.5 克，衣分 39.9%，子指 12.0 克，霜前花率 92.2%；吐絮畅，易采摘，纤维色泽洁白。

2. 品质性状 两次检测结果：上半部平均纤维长度分别为 30.8 毫米、29.8 毫米，断裂比强度分别为 28.8 厘牛/特克斯、29.1 厘牛/特克斯，马克隆值分别为 5.2、5.1，伸长率分别为 6.3%、6.2%，反射率分别为 75.1%、76.3%，黄度分别为 7.6、7.2，整齐度指数分别为 85.6%、85.5%，纺纱均匀性指数分别为 143.6、143.4。

3. 产量表现 2006 年区域试验结果：籽棉、皮棉、霜前皮棉平均亩产分别为 281.1 千克、106.0 千克、96.9 千克。2007 年区域试验结果：籽棉、皮棉、霜前皮棉平均亩

中棉所 72

产分别为248.2千克、100.0千克、93.0千克。2008年生产试验结果：籽棉、皮棉和霜前皮棉平均亩产分别为239.1千克、101.5千克、95.7千克。

4. 适宜种植区域　河南省各棉区，春直播或麦棉套作种植。

二十三、中棉所77

中棉所77是由中国农业科学院棉花研究所选育的双价转基因抗虫杂交春棉品种。

1. 特征特性　生育期125天，出苗好而整齐，前期长势一般，后期长势稳健；植株塔形，较松散，株高108.1厘米，茎秆较多茸毛，果枝较长；叶片较大，叶色较深，叶功能一般；结铃较强，铃卵圆形；第一果枝节位6.5节，单株果枝数13.7台，单株结铃数21.3个，单铃重6.4克，子指10.8克，衣分41.4%，霜前花率91.0%；吐絮畅而集中，纤维色泽洁白。

2. 品质性状　两次检测结果：上半部纤维长度分别为29.2毫米、29.6毫米，断裂比强度分别为28.8厘牛/特克斯、29.6厘牛/特克斯，马克隆值分别为4.8、5.0，伸长率分别为6.4%、6.4%，反射率分别为73.8%、73.0%，黄度分别为7.5、7.0，整齐度指数分别为85.1%、84.9%，纺纱均匀性指数分别为140.4、140.3。

3. 产量表现　2007年区域试验结果：籽棉、皮棉和霜前皮棉平均亩产分别为237.8千克、96.6千克、87.9千克。2008年区域试验结果：籽棉、皮棉和霜前皮棉平均亩产分别为219.0千克、90.5千克、82.8千克。2009年生产试验结果：籽棉、皮棉和霜前皮棉平均亩产分别为218.4千克、88.2千克和81.5

中棉所77

千克。

4. 适宜种植区域 河南省各棉区，春直播或麦棉套作种植。

二十四、中棉所 78

中棉所 78 是由中国农业科学院棉花研究所选育的双价转基因抗虫杂交春棉品种。

1. 特征特性 生育期 125 天，出苗较好，整个生育期长势稳健；植株塔形，稍紧凑，株高 100.6 厘米；叶片中等偏小，叶色深绿；结铃性较强，铃卵圆形，中等大小；第一果枝节位 6.2 节，单株果枝数 13.6 台，单株结铃 20.5 个，铃重 6.2 克，子指 10.8 克，衣分 41.9％，霜前花率 92.7％；吐絮畅，易采摘，纤维色泽洁白。

2. 品质性状 上半部平均纤维长度 31.4 毫米，断裂比强度 31.2 厘牛/特克斯，马克隆值 4.7，伸长率 6.1％，反射率 73.6％，黄度 7.6，整齐度指数 85.8％，纺纱均匀性指数 155.63。

中棉所 78

3. 产量表现 2007 年区域试验结果：籽棉、皮棉和霜前皮棉平均亩产分别为 226.8 千克、91.5 千克和 84.1 千克。2008 年区域试验结果：籽棉、皮棉和霜前皮棉平均亩产分别为 194.5 千克、83.6 千克和 78.3 千克。2009 年生产试验结果：籽棉、皮棉和霜前皮棉平均亩产分别为 196.5 千克、79.4 千克和 74.3 千克。

4. 适宜种植区域 河南省各棉区，春直播或麦棉套作种植。